BEI GRIN MACHT SICH IHR WISSEN BEZAHLT

- Wir veröffentlichen Ihre Hausarbeit,
  Bachelor- und Masterarbeit

- Ihr eigenes eBook und Buch -
  weltweit in allen wichtigen Shops

- Verdienen Sie an jedem Verkauf

Jetzt bei www.GRIN.com hochladen
und kostenlos publizieren

Bibliografische Information der Deutschen Nationalbibliothek:

Die Deutsche Bibliothek verzeichnet diese Publikation in der Deutschen National-
bibliografie; detaillierte bibliografische Daten sind im Internet über http://dnb.d-
nb.de/ abrufbar.

Impressum:

Copyright © 2009 GRIN Verlag, Open Publishing GmbH
Druck und Bindung: Books on Demand GmbH, Norderstedt Germany
ISBN: 9783640558742

Dieses Buch bei GRIN:

http://www.grin.com/de/e-book/144862/globale-destillation

Ina Bartels

Globale Destillation

GRIN Verlag

Globale Destillation

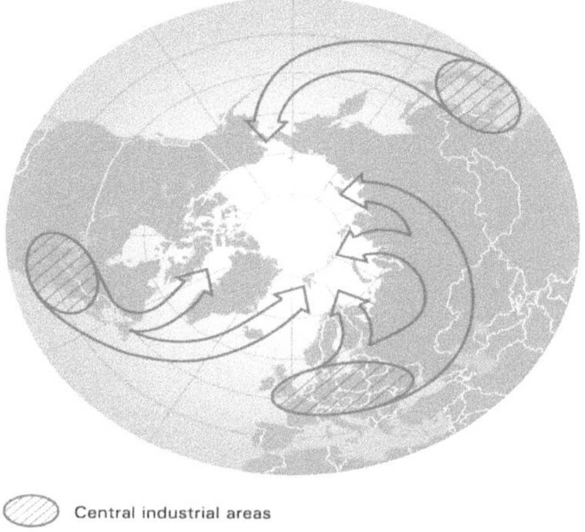

Abbildung 1: Dominante Luftströmungen in die Arktis (GRID-ARENDAL n.B.)

Ina Bartels

Master of Education

Seminar: Ursachen und Folgen der Luftverschmutzung HS I

SS 2009

Inhaltsverzeichnis

1 Einleitung

„Die chemische Zusammensetzung unserer Atmosphäre ist entscheidend von Transportprozessen bestimmt, die von kleinen Wirbeln bis zu großräumigen interkontinentalen Strömungen reichen können" (SCHULTZ/STOHL/VOGEL 2007:266).

Diese Transportprozesse sind daher ausschlaggebend, wenn es um Luftschadstoffe geht. Sie werden aus den Quellregionen abtransportiert und können mehrere Tausendkilometer entfernt die Luftqualität beeinflussen sowie meteorologische Phänomene hervorrufen.

Diese Hauptseminararbeit beschäftigt sich mit der Globalen Destillation und dem interkontinentalen Ferntransporte von Luftschadstoffen. Um ein umfassendes Bild dieser Prozesse zu bekommen werden jedoch nicht nur die grundlegenden Transport- und Zirkulationsprozesse betrachtet und erklärt, sondern auch Ausnahmephänomene wie z.B. der *Actic Haze*. Eine grundlegende Definition des Arbeitsbegriffes darf natürlich nicht fehlen. Die Auswirkungen der Globalen Destillation für Mensch und Tier, werden unter Berücksichtigung der transportierten Luftschadstoffe ergänzt. In einem abschließenden Fazit werden die Ergebnisse zusammengefasst.

2 Definition „Globale Destillation"

Der Begriff *„Globale Destillation"* (kalte Kondensation) wird definiert als *„nordwärts gerichteter Transport von flüchtigen Schadstoffen aus den gemäßigten und tropischen Breiten in die Arktis und Kondensation/Eintrag dieser Schadstoffe in das arktische Ökosystem"* (STIEHL/PFORDT/ENDE 2007:61). Durch Niederschläge werden die Schadstoffe in der Zielregion wieder frei gegeben und im Boden, dem Wasser, in Tieren (z.B. Fische) oder dem menschlichen Körper angereichert bzw. abgelagert. Letzteres geschieht dabei vorrangig durch die Nahrungsaufnahme. Auswaschungseffekte dauern in der Regel mehrere Jahre.

Grundlegend beim Prozess der Globalen Destillation ist der Schadstofftransport aus den warmen Breiten in kältere Regionen und ist daher nicht nur auf die vertikale oder horizontale E-

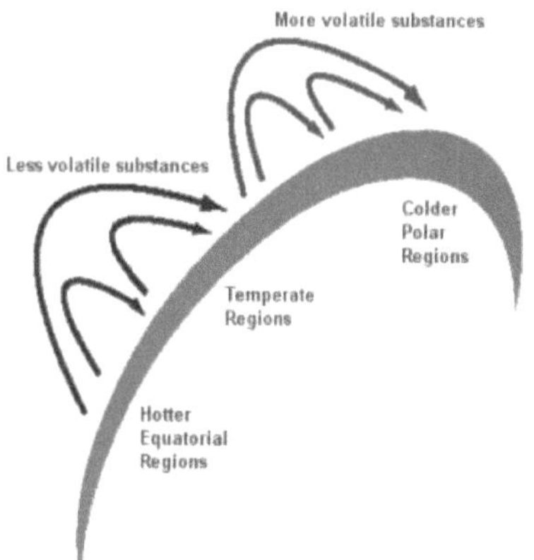

Abbildung 2: Transportprozesse der Globalen Destillation (TGL 2006)

3

bene beschränkt, sodass auch Schadstoffeinträge ins Hochgebirge dem Prinzip der Globalen Destillation entsprechen. Abbildung 2 beschreibt diese Zusammenhänge. Da der Vorgang mit dem physischen Prozess der Destillation vergleichbar ist, lässt sich der Begriff „Globale Destillation" ableiten.

Verbunden mit der „Globalen Destillation" ist außerdem das Phänomen des „Global fractionation" (Zerstreuung/Aufteilung), welches sich durch zwei Eintragswege unterscheidet (vgl. Abbildung 2):

- *„Relativ volatile Substanzen mit hohem Dampfdruck gehen nach Ausbringung in die Gasphase über und werden direkt in die Ablagerungsregion"* (STIEHL/PFORDT/ENDE 2007:61) transportiert.

- *„Semi-volatile Verbindungen [...] werden temperaturabhängig zwischen Gasphase und Luftpartikeln verteilt (Adsorption)."* (STIEHL/PFORDT/ENDE 2007:61) Diese gelangen durch den Niederschlag in den Boden oder den Wasserkreislauf zurück. Bei günstigen Wetterbedingungen kommt es zu einer erneuten Kondensation. Dieser Prozess (Eintrag – Kondensation - Eintrag) wiederholt sich permanent, so dass die Substanzen nach Norden bzw. in kältere Breiten oder Höhen transportiert werden (grasshopper-effect).

Die Überlegungen dieses Modell beschränken sich jedoch auf neutrale und persistente Verbindungen, die über die atmosphärische Zirkulation verbreitet werden. Diese Definition beruht auf Goldbergs Modell der „Globalen Destillation", das bereits 1975 veröffentlicht wurde (vgl. STIEHL/PFORDT/ENDE 2007:61). Damals wurden hohe Konzentrationen von Schadstoffen im Fettgewebe arktischer Tierarten nachgewiesen, die dort nie verwendet worden waren. Als Quellländer wurden schließlich die tropischen Breiten festgestellt. Als man der Frage nachging, wie diese Stoffe über so große Entfernungen transportiert werden konnten, entstand das Konzept der globalen Destillation. Genaue Transportwege und Eintragswege. können jedoch erst heute mit moderner Technik nachgewiesen werden. Die Globale Destillation beschreibt aber auch den horizontalen Transport von Schadstoffen. Diese werden dann in den Hochgebirgen der Erde abgelagert. Hohe

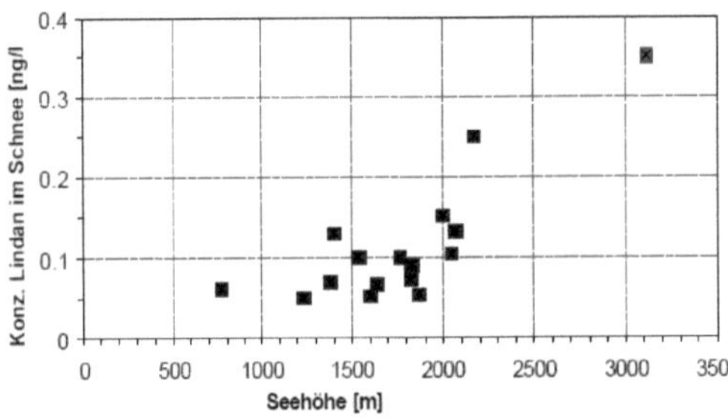

Abbildung 3: Zunahme der Belastung mit Lindan in den Rocky Mountains (KRAUTER/SEIDL 2002:13)

4

Konzentrationen sind beispielsweise in den Alpen oder Rocky Mountains dokumentiert (Abbildung 3). Hier sind vor allem Gletscher, Gletschersee aber auch die Vegetation und die Tiere betroffen (vgl. KRAUTER/SEIDL 2002:13ff).

3 Zirkulation der Atmosphäre

Die Dynamik der Atmosphäre lässt sich aufgrund der Kugelgestalt der Erde auf die Wirkung der Lufttemperatur zurückführen. Sie bestimmt die Entstehung von sogenannten thermischen Hochs und Tiefs. Grundlegend ist dabei die Abnahme des Strahlungsgenuß nach dem Lambertschen Gesetzes zu den Polen hin. Die Luft der niedrigen Breiten ist dadurch wärmer als in den hohen Breiten der Erde. Zusätzlich nimmt der Luftdruck in kalter Luft mit der Höhe schneller ab, als in warmer, d.h., dass der Luftdruck über den äquatornahen Gebieten langsamer zurückgeht als in den kalten Polargebieten der Erde. Dadurch ergibt sich für die Flächen gleichen Luftdrucks ein *dachartiger Aufbau* der vom Äquator zu den Polen hin anfällt. Das Resultat ist die Ausbildung zwei verschiedener Luftmassen (vgl. HÄCKEL 1999:260f):

„eine warme in den strahlungsreichen Zonen der niedrigen Breiten und je eine kalte in den strahlungsarmen, höheren Breiten. Entsprechend ihrer geographischen Lage bezeichnet man sie als tropische und als polare Luftmassen." (HÄCKEL 1999:261)

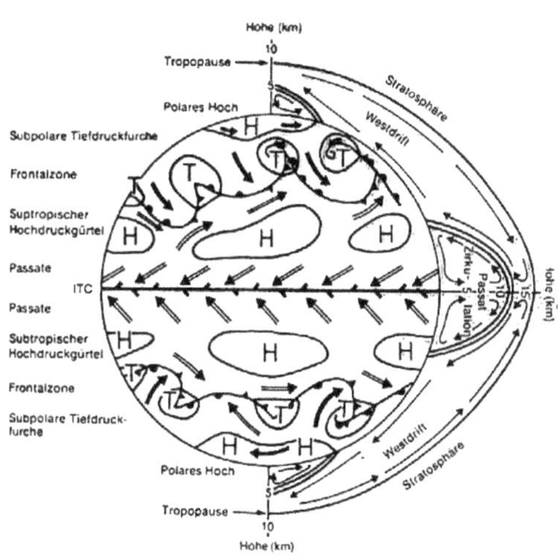

Abbildung 4: Schematisierte Darstellung der allgemeinen Zirkulation der Atmosphäre (HÄCKEL 199:280)

Vereinfacht gesagt entsteht durch die Gradientenkraft und den beschriebenen Luftmassen ein Wind der vom hohen zum tiefen Druck fließt. Eine solche großräumige Strömung findet sich auch vom Äquator nach Süden und Norden. Durch den Einfluss der Corioliskraft ergibt sich aus der meridionalen Luftbewegung eine Erdkugel umspannende Strömung von Westen nach Osten (planetarischer Westdrift).

Die allgemeine Zirkulation der Atmosphäre lässt sich nun anhand der Abbildung 4 beschreiben. Wärme wird aus den äquatornahen Wärmeüberschußzonen durch die Antipassate nach Norden bzw. nach Süden transportiert. Gleichzeitig führen die Passate zum Ausgleich kühlere Luft zu. Die Innertropische Konvergenzzone entsteht schließlich dort, wo die Passate aufeinanderstoßen. Die Passatzirkulation reicht etwa von 25° bis 35° Breite. Der subtropische Hochdruckgürtel schließt sich mit überwiegend absinkenden Luftbewegungen an (Roßbreiten). Der Hochdruckeinfluss lässt dabei kaum Wolkenbildung zu. Jenseits dieses Hochdruckgürtels befinden sich die mit der Westdrift ziehenden Zyklone, welche einen polarwärts gerichteten Warmluftvorstößen und äquatorwärts gerichtete Kaltluftausbrüche. Sie bestimmten den meridionalen Energietransport. Zwischen den subpolaren Tiefdruckrinnen und polaren Kältehochs findet ein Wärmeaustausch statt (vgl. HÄCKEL 1999:279f). Globale Strömungsprozesse können dabei eine enorme Länge und Zeit erreichen (vgl. Abbildung 5).

Abbildung 5: Längen und Zeitskalen atmosphärischer Transportprozesse (SCHULTZ/STOHL/VOGEL 2007:268)

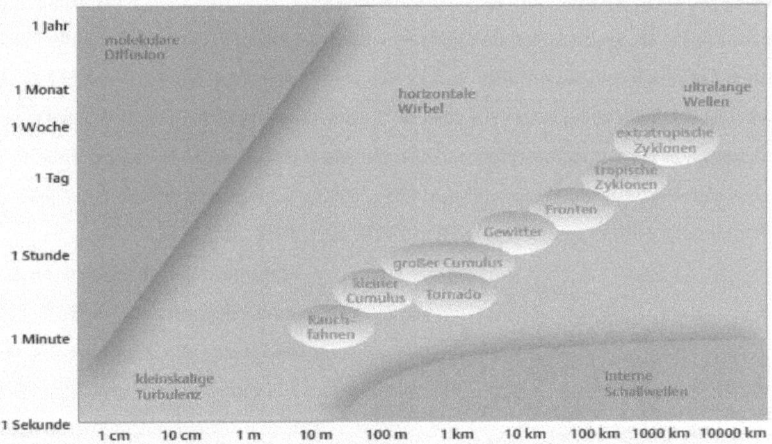

Die Abbildung 5 verdeutlicht, dass die Dauer eines Wetterphänomens darüber entscheidet, wie lange eine Luftmasse, und damit auch Luftbeimengungen, transportiert werden können.

Die allgemeine Zirkulation der Atmosphäre beschreibt somit alle globalen Luftströmungen, die durch unterschiedliche Energiezufuhr und damit unterschiedliche Erwärmung der Erdoberfläche entsteht. Entscheidend für die Betrachtung der Globalen Destillation ist die Troposphäre, die sich an den Polen in ca. 8 Km Höhe findet, in den tropischen Regionen in 18 Km Höhe. Die allgemeine Zirkulation der Troposphäre lässt sich in drei Systeme unterteilen. Abbildung 6 stellt die drei thermodynamischen Zirkulationssysteme dar:

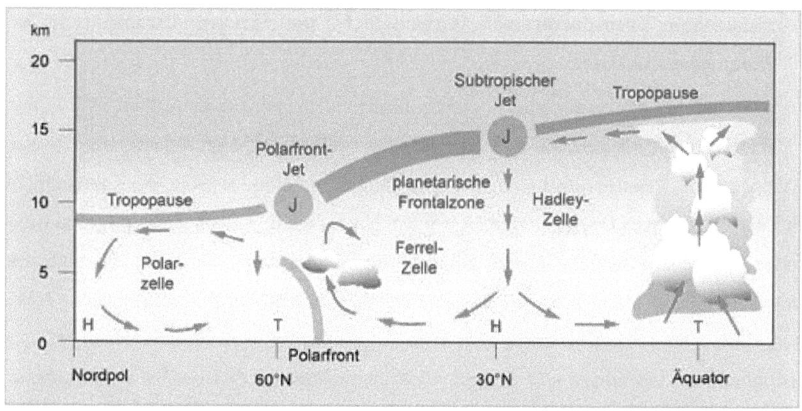

Abbildung 6: Schematisierte Darstellung der allgemeinen Zirkulation der Atmosphäre (KASANG 2009)

Die Hadley-Zelle zeichnet sich durch Luftmassen aus, die sich über der stark erwärmten Erdoberfläche in Äquatornähe erwärmt und ausdehnt. Diese „leichtere" Luft steigt in der Folge auf und wir in der Höhe Richtung Subtropen transportiert. Hier sinkt die Luftmasse aufgrund der niedrigeren Temperatur wieder ab und fließt als Ausgleichsströmung in Richtung Äquator. An den Polen findet sich die Polare-Zelle. Ihre Luftmassen steigen zwischen dem 50° und 70° auf und sinken an den Polen wieder ab. Zwischen diesen beiden Zellen liegt die Ferrel-Zelle. Die Polare- und die Ferrel-Zelle sind wesentlich schwächer als die Handley-Zelle. Dies liegt vor allem an der zunehmenden Coriolis-Kraft in Richtung der Pole (vgl. BERGMANN/SCHÄFER 2001:374).

4 Transportprozesse

Um die Globale Destillation erklären zu können, muss nun die atmosphärische Zirkulation auf ihre Transportprozesse untersucht werden. Unterschieden werden kann dabei in Transportprozesse in bodennahen Grenzschichten, Spurenstofftransport in inhomogenen Geländen, großräumige und interkontinentale Transportprozesse. Letztere bilden die Grundlage für die Globale Destillation und werden kurz definiert. Da sowohl die großräumigen als auch die interkontinentalen Transortprozesse entscheidend für die Globale Destillation sind, sollen diese in der Folge ausführlicher betrachtet werden.

4.1 Bodennahe Transportprozesse (Grenzschicht) und Spurenstofftransport im inhomogenen Gelände

Bei den Transportprozessen der unteren Atmosphärenschicht ist neben dem Wind als Variable auch die Feuchtigkeit, Temperatur und der Erdboden ein Einflussfaktor. Nimmt beispielweise die Temperatur des Bodens im Laufe des Tagesganges zu, kann die Höhe der Grenzschicht durch Turbolenzen nach Oben verschoben werden. Nachts ist die Grenzschicht aufgrund wegfallender Turbolenzen dünner. Generell gilt, dass die Temperatur mit der Höhe abnimmt. Am Oberrand der Grenzschicht kann jedoch ein Bereich auftreten, der mit zunehmender Höhe wärmer wird. *„Diese Temperaturinversion wirkt wie ein Deckel und verhindert einen effizienten Austausch von Luftmassen und dadurch auch die Verdünnung bodennaher Schadstoffkonzentrationen"* (SCHULTZ/STOHL/VOGEL 2007:269) Abbildung 7 zeigt den Tageszeitlichen Verlauf der bodennahen Grenzschicht:

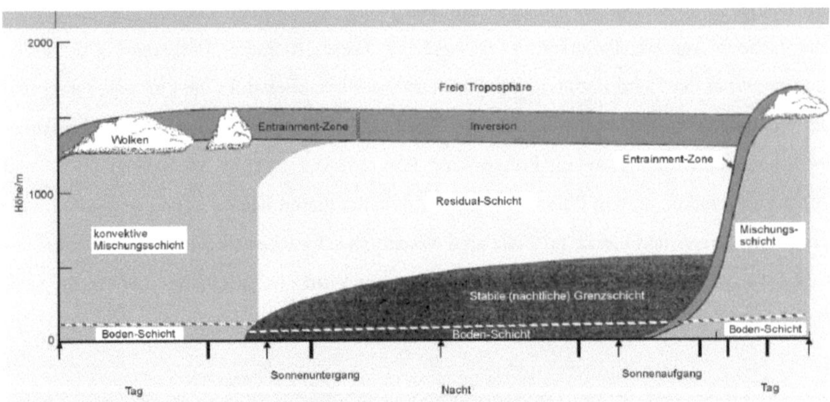

Abbildung 7: Zeitliche Entwicklung der bodennahen Grenzschicht (SCHULTZ/STOHL/VOGEL 2007:269)

Wenn Schadstoffe aus dem System der Grenzschicht ausgekoppelt sind, durch beispielsweise labile Konditionen in der Schichtung, werden sie ein Teil interkontinentaler Transportprozesse (vgl. UN 2007:16). Der Schadstofftransport im inhomogenen Gelände wird durch die Geländegestallt, wie z.B. Wälder, Berge und Täler, bestimmt. Es bilden sich dadurch lokale Strömungssysteme aus. Das Gelände spaltet und leitet die Strömung dabei an verschiedenen Stellen, sodass eine starke Streuung der Schadstoffe erfolgt (vgl. SCHULTZ/STOHL/VOGEL 2007:269ff).

4.2 Großräumige Transportprozesse

Bei großräumigen Transportprozessen findet die Einführung die Zirkulation der Atmosphäre wieder Eingang. Entscheidend sind drei Luftströmungen. Diese sind in Abbildung 8 idealisiert dargestellt (SCHULTZ/STOHL/VOGEL 2007:271):

- Trockene Intrusion (DA); ein Luftstrom, *„der auf der Rückseite eines Tiefdruckgebietes aus großen Höhen in die mittlere und untere Troposphäre absinkt"* Er bringt häufig Ozonkonzentrationen aus der unteren Stratosphäre mit sich.

- Cold Conveyor Belt (CCB); ein Luftstrom, *„der aus der unteren in die mittlere Troposphäre aufsteigt und damit Schadstoffe der Grenzschicht in die freie Troposphäre"* transportieren kann.

- Warm Conveyor Belt (WCB); dieser Luftstrom *„steigt aus dem Warmsektor des Tiefdruckgebietes über die Warmfront bis in die obere Troposphäre auf"*. Dieser Aufstieg kann bis zu zwei Tage dauern und führt warme und feuchte Luftmassen mit sich, sodass Niederschläge folgen.

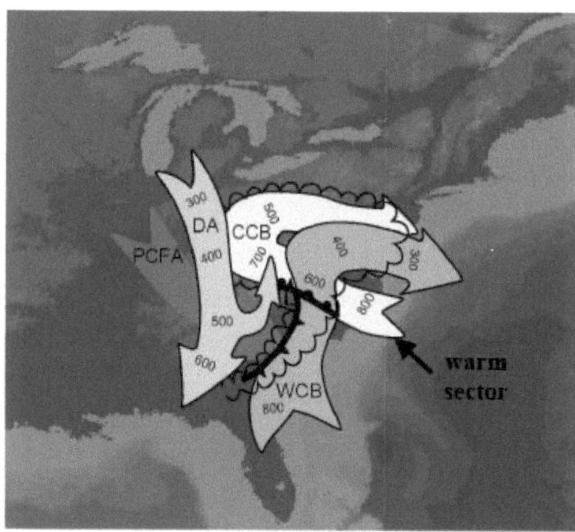

Besonders wichtig ist dabei der WCB (Warm Conveyor Belt), dieser kann Schadstoffe aus der atmosphärischen Grenzschicht in die obere Troposphäre heben, wo sie mit dem Jet-Stream schnell interkontinental abtransportiert werden können. Im Durchschnitt dauert der Transport der Schadstoffe dann von Nordamerika nach Europa 3-4 Tage.

Abbildung 8: Luftströmungen in einem Tiefdruckgebiet (UN 2007:15)

4.3 Interkontinentale Transportprozesse

Interkontinentale Transportprozesse lassen sich sowohl in Bodennähe als auch in der mittleren und oberen Troposphäre nachweisen. Aufgrund der höheren Windgeschwindigkeiten findet der interkontinentale Transport von Schadstoffen häufiger in der mittleren und oberen Troposphäre statt und lässt sich dort gleichzeitig besser beobachten. Luft aus bodennahen

Schichten kann dabei nur durch tiefen Konvektionen oder die Anhebung in Frontalzonen in die mittlere und obere Troposphäre aufsteigen (vgl. WBC). Grundsätzlich wir durch den entstehenden Niederschlag ein erheblicher Teil der Aerosolepartikel wieder ausgewaschen. Kaum wasserlösliche Substanzen wie Kohlenmonoxid oder Ozon werden hingegen mit den starken Winden im Strahlstrom abtransportiert. Ein WBC entsteht über dem warmen Ozean und kommt dadurch besonders häufig über Asien und Nordamerika vor. Konvektion ereignet sich aber auch, wenn die Erdoberfläche wärmer ist als die darüber liegenden Luftschichten. Diese labilen Zustände können tagsüber an Land auftreten (vgl. UN 2007:15). Die Emissionen dieser Ballungsräume werden dann mit dem Interkontinentaltransport in höhere Breiten getragen (vgl. SCHULTZ/STOHL/VOGEL 2007:272). Die in Europa emittierten Schadstoffe bleiben in der unteren Troposphäre und werden im Winter Richtung Norden transportiert (vgl. Arctic Haze).

5 Transportstoffe der Globalen Destillation

Für die Auswirkungen der Globalen Destillation sind die Transportstoffe verantwortlich. Daher soll im nächsten Abschnitt ein Blick auf die häufigen Transportstoffe und ihre Eigenschaften hinsichtlich der Auswirkungen in den Zielregionen geworfen werden. Betrachtet werden das Ozon, Aerosole, PoPs und neue Dauergifte.

5.1 Ozon

Der interkontinentale Transport von Ozon kann mithilfe von verschiedenen Methoden dargestellt werden (Sonden, Satellit, atmosphärische Messungen mit dem Flugzeug etc.). Grundsätzlich lassen sich drei Quellen festhalten (vgl. UN 2007:30):

a. Durchmischungsprozesse mit der Stratosphäre.
b. Eintrag aus Regionen mit photochemischer O_3 Produktion.
c. Lokale, natürliche photochemische Produktion von O_3 und Transport von anthropogenen Vorläuferverbindungen.

Um den Transport von O_3 jedoch vollständig erfassen zu können müssen die Vorläuferverbindungen (NO_x, VOC_s, CO) betrachtet werden. Relevant ist in diesem Zusammenhang die Verweil-/Transportdauer der Verbindungen (CO 1-3 Monate, NO_x mehrere Wochen, VOC_s Stunden bis Monate). O_3 entsteht dabei während des atmosphärischen Ferntransportes aus den Vorläuferverbindungen. Abbildung 9 zeigt die Messung und den interkontinentalen Transport von O_3. Bei bestimmten troposphärischen Strömungsverhältnissen können diese Konzentrationen in die polare Zirkulation getragen werden, wodurch das meteorologische Phänomen des

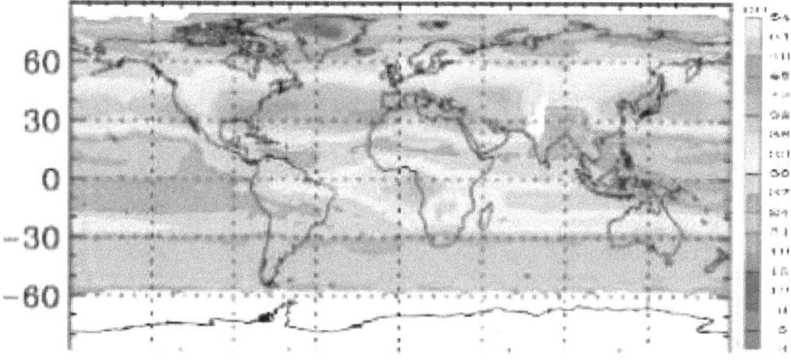

Abbildung 9: Interkontinentaler Transport von O_3 (UN 2007:31)

„Arctic Haze" entsteht (vgl. 6.1 „Arctic Haze"). Auswirkungen des O_3-Transportes können der Sommer-Smog, bzw. Winter-Smog sein. Gesundheitliche Effekte hängen dagegen stark von der einzelnen Person ab. Generell gilt aber, dass hohe Konzentrationen von Ozon toxisch wirken können. Individuelle können Beeinträchtigungen der Lungenfunktion, Asthma etc. auftreten.

5.2 Aerosole

Da die Herkunft von Aerosolen stark variiert, können verschiedene Aerosol-Quellen benannt werden (vgl. UN 2007:37): Staub, Verbrennung von Biomasse, anthropogene Emissionen, Gischt oder natürliche Entstehung durch Vorläuferverbindungen (vgl. 5.1 Ozon) etc.

Der interkontinentale Transport unterscheidet sich in seiner Konzentration zwischen den Jahreszeiten: *„The lowest concentrations occur in the summer, when dust transport is also at minimum. The increase concentration of springtime nitrate and nss-SO_4 is attributed to the impact of pollution transport from Asia. Each spring, several large aerosol peaks occur at Midway that can be directly associated with large scale pollution episodes seen in satellites images."* (UN 2007:41) Abbildung 10 zeigt den interkontinentalen Transport von Aerosolen.

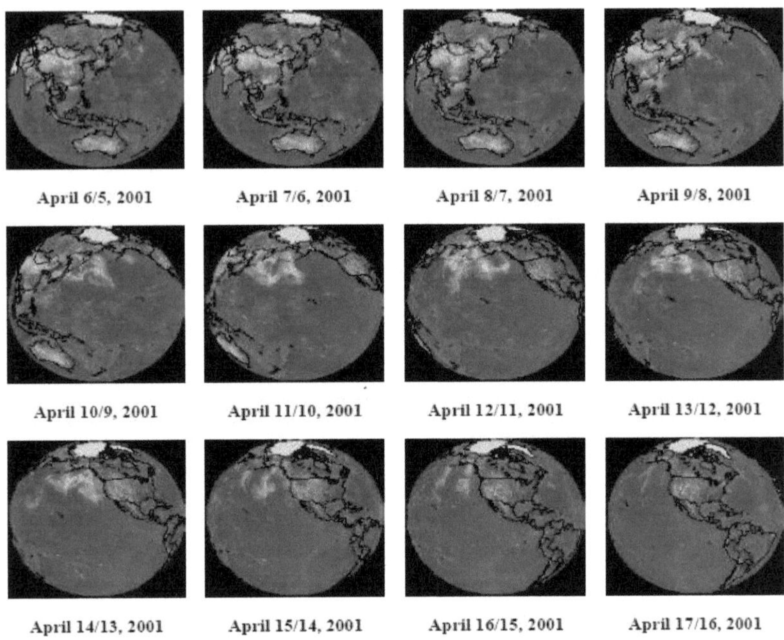

<table>
<tr><td>April 6/5, 2001</td><td>April 7/6, 2001</td><td>April 8/7, 2001</td><td>April 9/8, 2001</td></tr>
<tr><td>April 10/9, 2001</td><td>April 11/10, 2001</td><td>April 12/11, 2001</td><td>April 13/12, 2001</td></tr>
<tr><td>April 14/13, 2001</td><td>April 15/14, 2001</td><td>April 16/15, 2001</td><td>April 17/16, 2001</td></tr>
</table>

Abbildung 10: Interkontinentaler Transport von Aerosolen (UN 2007:43)

5.3 PoPs (persistent organische Schadstoffe)

Organische Chemikalien mit den Eigenschaften der Anreicherung im Körper von Mensch, Tier und Pflanzen sowie dem Potential zum weiträumigen Transport (vgl. grasshopper-effect) werden als persistent organische Schadstoffe bezeichnet. Unterschieden werden die PoPs dabei in *„kommerziell [...] synthetisch hergestellte"* und *„bei verschiedenen thermischen Prozessen unabsichtlich gebildet(e)"*. (UBA 2009)

Aufgeschlüsselt lassen sich folgende PoPs festhalten:

- *„Polychlorierte Dioxine und Furane (PCDDs, PCDFs) (Nebenprodukte von chemischen Prozessen, Prozessen in der Eisen- und Stahlindustrie z.B. Sinteranlagen und von Verbrennungsprozessen z. B. Müllverbrennung)*

- *Polychlorierte Biphenyle (PCBs) (Kühl- und Isolierflüssigkeit)*

- *Hexachlorbenzol (HCB) (Pilzgift, Weichmacher für Kunststoffe, Emission aus der Müllverbrennung)*

- *DDT, Chlordan, Aldrin, Dieldrin, Endrin, Heptachlor, Toxaphen, Mirex (Insektizide)."* (KRAUTTER/SEIDEL 2002:8)

- ϒ-HCH, Gamma - Hexachlorcyclohexan (Lindan) ein Halogenkohlenwasserstoff, das überwiegend als Insektizid und Haushaltsbiozid genutzt wird und als starkes Nervengift gilt. (vgl. HILLENBRAND/STRAUCH et.al. 2006:1)

Der Transport von PoPs erfolgt durch einen Wechselprozess zwischen Luft und Wasser. Durch Kondensation gelangen die Schadstoffe in die Troposphäre und werden dort durch verschiedene Transportprozesse (vgl. 4. Transportprozesse) global verteilt. Durch Abregnen gelangen die Schadstoffe schließlich wieder in den Wasserhaushalt und können beispielsweise durch Flüsse etc. transportiert werden. *Gleichzeitig kann ein Teil der gelösten Schadstoffe wieder in die Atmosphäre kondensieren (siehe grasshoppe-effect) (vgl. BOTTENHEIM/DASTOOR/GONG 2004:30). Kennzeichnend für PoPs sind die geringe Abbauarbeit und die hohe Mobilität. Der Transport geschieht dabei überwiegend durch den grasshopper-effect: „Der Grashüpfer-Effekt verändert die Verteilung über die verschiedenen Umweltmedien und erhöht die Persistenz von DDT und HCH."* (LAMMEL/SEMEENA/GUGLIELMO et.al 2006:258). *Abbildung 11 zeigt die atmosphärische Fracht und den Anteil der Remobilisierung von ϒ HCH.*

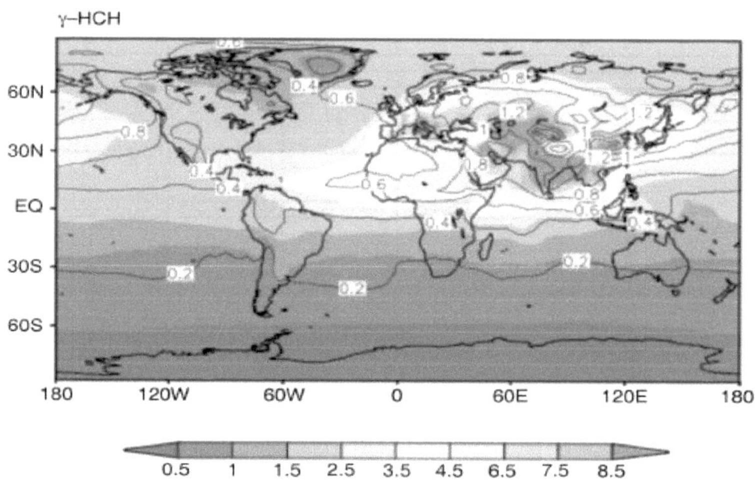

Abbildung 11: Atmosphärische Fracht von ϒ HCH (Schattierung) und durch erneute Volatilisierung remobilisierter Anteil (Isolinien) [Jahresmittel im zehnten Jahr nach Eintrag in Umwelt] (LAMMEL/SEMEENA/GUGLIELMO et.al 2006:258)

*Eingesetzt wird DDT dabei vor allem auch in tropischen Ländern (in den meisten Industriestaaten ist es mittlerweile verboten) als Vorbeugung gegen die Wirte des Malaria-Erregers. ϒ-HCH hingegen wird in den meisten Landwirt*schaften als Pestizid genutzt. Durch seine Volatilität sind die Konzentrationen in der freien Troposphäre und den höheren Luftschichten höher als beispielweise von DDT. Dies hängt mit der Volatilisierung und Auswaschung an Oberflächen zusammen. Besonders gefährlich sind die PoPs für die kalten Breiten, da zum Abbau der Substanzen relativ hohe Temperaturen notwendig sind. Diese finden sich jedoch nicht in den polaren Breiten und nur teilweise in den gemäßigten Breiten, sodass der Abbau der Schadstoffe hier langsamer oder gar nicht statt findet. Dadurch lassen sich die hohen Konzentrationen in den polaren Breiten erklären.

5.4 Neue Dauergifte

Durch die ständige Weiterentwicklung der Industrie werden neue Chemikalien produziert und emittiert, die als Dauergifte angesehen werden können. Darunter fallen vor allem (vgl. STIEHL/PFORDT/ENDE 2007:70ff):

- bromierte Flammschutzmittel (werden Polymeren, Textilfasern oder Papier zugesetzt um das Produkt vorm Brennen zu schützen) und
- Chlorparaphine und Phthalate (Hauptanwendungsgebiete sind Zerspannungstechnik, Kühlschmiermittel, Farben, Lacke, Weichmacher etc.).

Diese neuen Dauergifte zählen ebenfalls zu den organischen Schadstoffen und sind in umfangreiche Studien (siehe STIEHL/PFORDT/ENDE 2007) besonders in Fischbeständen nachgewiesen worden. Dadurch werden sie auch für den menschlichen Körper und für die Tierwelt, durch den Verzehr, zur Gefahr. Generell können Auswirkungen aufgrund der *Neuartigkeit* der Schadstoffe noch nicht abgesehen werden.

6 Folgen und Auswirkungen der Globalen Destillation

6.1 „Arctic Haze"

Die Troposphäre über der Arktis galt lange Zeit als „sauber". In den 1950er Jahren entdeckten Piloten jedoch, dass über der Arktis ein Nebel lag, der die Sicht signifikant einschränkte. Untersuchungen zeigten, dass sich dieser Nebel aus Aerosolen und Sulfaten zusammensetze, die eindeutig aus Industrieanlagen aus Europa und Asien stammten. Die starke stabile vertikale Schichtung der kalten Atmosphäre in der Arktis verhindert die Auflösung oder Verteilung der Aerosolwolke. Aufgrund der Trockenheit der Luft können die Spurenstoffe jedoch auch nicht durch Niederschlag ausgewaschen werden, sodass sie über der Arktis „liegen" bleiben (vgl. STOHL/BURKHARDT 2007:512).

6.2 Auswirkungen auf das globale und Regionale Klimageschehen

Spurengase und Aerosole verändern den Strahlungshaushalt der Atmosphäre und damit auch die Wolkenbildung und den Niederschlag. Welche Effekte die Globale Destillation allerdings direkt oder indirekt auf das regionale oder globale Klimageschehen hat, kann noch nicht mit Sicherheit nachgewiesen werden. Dennoch kann festgehalten werden, dass Aerosole direkt eine Streuung und Absorption der solaren und infraroten Strahlung verursachen, bzw. indirekt durch beispielsweise Wolkenbildung den Strahlungshaushalt verändern (vgl. UN 2007:19).

Einige Auswirkungen können jedoch z.B. am Phänomen der „brown clouds" beobachtet werden. Diese Wolken finden sich überwiegend über Südasien zwischen Dezember

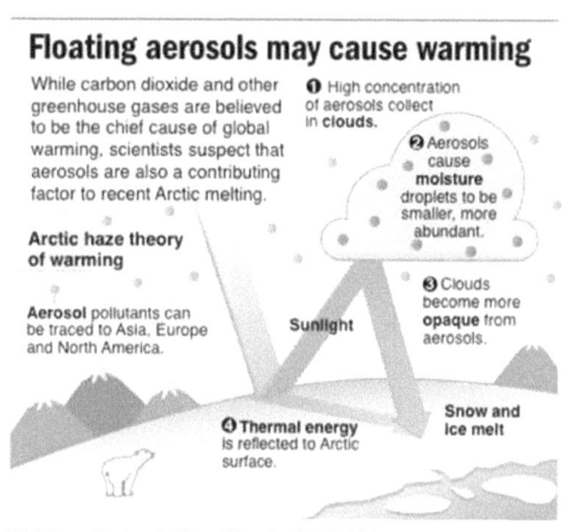

Abbildung 12: Arctic Haze Theorie (KSJT 2008)

und April. Der Dunst ist dabei stark absorbierend, d.h., dass die Temperatur der Troposphäre stark zunimmt. Verursacht werden die Braunen Wolken durch Rußpartikel, die bei der Verbrennung von Kohle, durch Autoabgase und Brandrohdung entstehen, und geben der Wolke ihre charakteristische Farbe. Weitere Einflüsse der Globalen Destillation können zudem eine Zunahme von Niederschlägen in den „End"-Regionen sein. Durch erhöhte Vorkommen von Aerosolpartikel (Kondensationskerne) nehmen die Wolkenbildung und der Niederschlag zu. Die Anzahl der Aerosole bestimmt zudem die Stärke des Niederschlages (Bergeron-Findeisen-Prozess). Vermutet wird auch, dass der Transport von Sand- und Staubpartikeln aus Asien und Nordafrika die Bildung von Hurrikanes oder tropischen Zyklonen supprimieret (vgl. UN 2007:20): „[...] suggests that Saharan dust transport can lead to suppressed hurricane formations.[...] it can engulf tropical waves, or pre-existing tropical cyclones [...] may inhibit the ability of tropical waves or cyclones to strengthen." (UN 2007: 19f)

Letzteres wäre dann eine eher positive Auswirkung des atmosphärischen Ferntransportes.

6.3 Auswirkungen auf den Menschen und die Tierwelt

Die Auswirkungen auf den Menschen und die Tierwelt sind zwar teilweise erforscht, können jedoch in ihren Langzeitauswirkungen oftmals noch nicht vorhergesagt werden. Fest steht aber, dass Rückstände und Ablagerungen sowohl im menschlichen als auch in tierischen Körpern nachgewiesen werden konnten: *„The concentrations found in humans, marine and terrestrial organisms are surprisingly high, indicating a high potential for bioaccumulation, in particular in fast tissues. Moreover, these substances have been known for a long time to be chronically toxic to humans and many organisms and populations. Carcinogenic and mutagenic effects, as well as adverse effects on the endocrine and reproductive system, have been reported."* (MATTHIES/SCHERINGER 2001:149)

Besonders bei Säugetiere der marinen Lebenswelten verändern sich die lebenswichtigen Immunfunktionen, mit einer erhöhten Sterberate als Folge. Weiterhin kann die Aufnahme von kontaminierter Nahrung Infektionen und Einschränkungen in der Fruchtbarkeit und Fortpflanzung zur Folge haben (vgl. SEMEENA 2005:23).

Beim Menschen ließen sich Veränderungen in der Häufigkeit von Infektionen im Zusammenhang mit einer erhöhten (passiven) Nahrungsaufnahme von organischen Chlorverbindungen nachweisen. Laut der WHO war das Infektionsrisiko 10 bis 15 Fach höher als bei normalen Kindern. Dokumentiert werden konnte auch ein erhöhtes Brustkrebsrisiko bei Frauen, die erhöhten Konzentrationen von DDE (ein Zwischenprodukt von DDT[1]) durch die Nahrung aufgenommen hatten. Weitere Effekte von POP´s (siehe 5.3 PoPs) oder PCB´s (Polychlorierte Biphenyle) auf die menschliche Gesundheit können Lungenerkrankungen, Stoffwechselerkrankungen etc. sein. Diese Toxine oder Schadstoffe können jedoch auch durch Inhalation oder die Haut in den Körper eindringen. Nachgewiesen wurden zudem erhöhte organische Chlorverbindungen in der Muttermilch von Frauen die in den arktischen Regionen leben. Weitere Auswirkungen sind jedoch aufgrund der vorgeschrittenen Verbreitung der Spurenstoffe und Toxine fast nicht mehr eindeutig nachweisbar (vgl. SEMEENA 2005:23f).

7 Fazit

Natürlich und anthropogen verursachte Schadstoffe werden durch die atmosphärische Zirkulation regional und interkontinental transportiert. Volatile Substanzen werden dabei in Form von Gasen direkt in die Ablagerungsgebiete befördert, semi-volatile Verbindungen können

---

[1] Dichlordiphenyltrichlorethan (DDT); Insektizid, das sich aufgrund seiner chemischen Stabilität gut in fetthaltigem Gewebe ablagert und stark toxisch ist.

durch den grasshopper-effect (Eintrag – Kondensation - Eintrag) in die Zielregion emittiert werden. Der Transport der Globalen Destillation geht von den warmen Breiten aus und erfolgt in die kalten Breiten, wobei es keine Beschränkung in horizontale oder vertikale Richtung gibt. D.h. das auch Schadstofftransporte in die oberen Gebirgsregionen (Alpen, Rocky Mountains) als Globale Destillation verstanden werde. Wichtig ist der Transport von „Warm" zu „Kalt", damit der Prozess der Destillation erfolgen kann.

Abbildung 14 zeigt die verschiedenen Spuren- und Schadstoffe gegliedert nach ihrem Transportmedium, abgetragen über die Zeit (1940-2000). Berücksichtig sind dabei auch Vorläufersubstanzen und Metabolite, sowie Endprodukte.

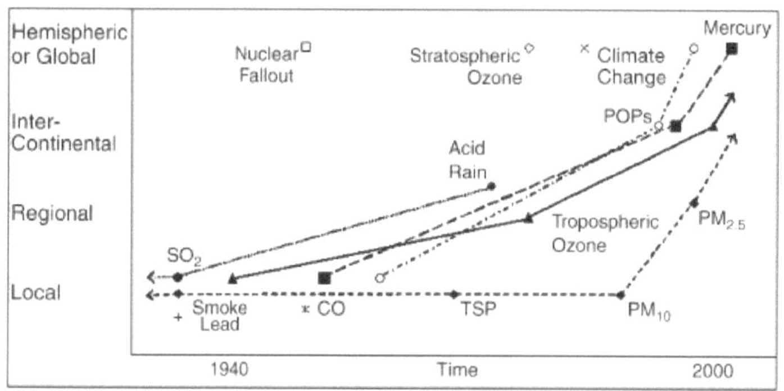

Abbildung 13: Evolution der Luftverschmutzung durch Schadstoffe (KEATING et al. 2004:298)

Wie auf der Y-Achse eingezeichnet können die Transportprozesse nach lokalen, regionalen, interkontinentalen und globalen Ferntransporten unterschieden werden. Entscheidend für den interkontinentalen Ferntransport sind der WCB und die tiefe Konvektion, welche die Schadstoffe in die Troposphäre und über lange Distanzen beispielweise in die arktischen Regionen befördern. Unterschieden werden können die Schadsubstanzen in Ozon, Aerosole, PoPs und neue Schadstoffe. Das Ozon und die Aerosole wirken sich dabei überwiegend auf den Strahlungshaushalt aus. PoPs und neue Schadstoffe hingegen zeigen ihre Wirkung bei Menschen und Tieren. Sie sind zumeist stark toxisch und verursachen Infektions-, Stoffwechsel- und Lungenerkrankungen beim Menschen aus. Tiere werden hingegen durch Mutationen, verringerte Mutationsraten und Massensterben durch Infektionen beeinflusst. Gefährlich sind diese Stoffe auch aufgrund ihrer Volatilität. Dadurch können sie besonders gut in der Atmosphäre transportiert werden. Da sie eine relativ hohe Temperatur zum Abbau benötigen werden sie in den kalten und polaren Breiten besonders lange gespeichert und stark eingetragen. Abgelagert werden die PoPs überwiegend im Fettgewebe von Säugetieren, was sie für den Menschen zweifach riskant macht: durch Nahrungsaufnahme und direkte Einlagerung im menschlichen Fettgewebe.

18

8 Literaturverzeichnis

BERGMANN, L.; SCHÄFER, C. 2001: Lehrbuch der Experimentalphysik. Erde und Planeten. 2., aktualisierte Auflage. Berlin: de Gruyter.

BOOTENHEIM, J.W.; DASTOOR, A.; GONG, S. et.al. 2004: Long Range Transport of Air Pollution to the Arctic. In: The Handbook of Environmental Chemistry, 4(G). Heidelberg: Springer. S.13-39.

HÄCKEL, H. 1999: Meteorologie. 4., völlig überarb. und neugestaltete Auflage. Stuttgart: Ulmer.

KEATING, T.J. et.al. 2004: Prospects for International Management of Intercontinental Air Pollution Transport. In: The Handbook of Environmental Chemistry, 4(G). Heidelberg: Springer. S.295-320.

KRAUTER, M.; SEIDL, E. 2002: Greenpeace Report. Dauergifte – Bedrohung für das Leben der Alpen. Hamburg: Greenpeace.

LAMMEL, G.; SEMEENA, V.S.; GUGLIELMO, F. et.al. 2006: Bestimmung des Ferntransports von persistenten organischen Spurenstoffen und Umweltexpositionen mittels Modelluntersuchungen. In: Fortschritte zur Umweltchemie und Ökotoxikologie, 18(4). Landsberg: ecomed verlag. S. 254-261.

MATTHIES, M; SCHERINGER, M. 2001: Long-Range Transport in the Enviroment. In: Environ Sci & Pollut Research, 8(3). Landsberg: ecomed puplishers. S.149.

SCHULTZ, M.; STOHL, A.; VOGEL, B. 2007: Transportprozesse in der Atmosphäre. In: Chemie in unserer Zeit, 41. Weinheim: Wiley-VCH Verlag. S.266-274.

SEMEENA, V.S. 2005: Long-range Atmospheric Transport and Total Environmental Fate of Persistent Organic Pollutants - A Study using a General Circulation Model. In: Berichte zur Erdsystemforschung (15). Hamburg: Max-Planck-Institut für Meteorologie.

STEIHL, T.; PFORDT, J.; ENDE, M. 2008: Globale Destillation. Evaluierung von Schadsubstanzen aufgrund ihrer Persistenz, ihres Bioakkumulationspotentials und ihrer Toxizität im

Hinblick auf ihren potentiellen Eintrag in das arktische Ökosystem. In: Journal für Verbraucher und Lebensmittelsicherheit, 3. Basel: Brinkhäuser Verlag. S. 61-81.

STOHL, A.; BERG, T.; BURKHART, J.F. 2007: Arctic smoke – record high air pollution levels in the European Arctic due to agricultural fires in Eastern Europe in spring 2006. In: Atmospheric Chemistry in Physics, 7. Kaltenburg-Lindau: European Geosciences Union. S.511-534.

UN 2007: Hemispheric Transport of Air Pollution 2007. Air Pollution Studies No.16. New York, Geneva: United Nations.

9 Internetquellen

UBA (Umwelt Bundes Amt) 2009: Chemikalienpolitik und Schadstoffe, REACH POPs. http://www.umweltbundesamt.de/chemikalien/pops.htm; Abruf: 10.06.09

GRID-Arendal n.B.: Dominating Air Currents. http://maps.grida.no/go/graphic/dominating_air_currents, Abruf: 27.05.09.

HILLENBRAND/STRAUCH et.al. 2006: Prioritäre Stoffe der Wasserrahmenrichtlinie. Datenblatt Lindan (γ-HCH). (Daten des Umwelt Bundes Amtes) http://www.umweltdaten.de/wasser/themen/stoffhaushalt/lindan.pdf, Abruf: 16.06.09.

KASANG, D. 2009: Atmosphärische Zirkulation. Hamburger Bildungsserver. http://wiki.bildungsserver.de/klimawandel/upload/thumb/Atmosphaerische_zirkulationsze llen.jpg/520px-Atmosphaerische_zirkulationszellen.jpg, Abruf: 27.05.09.

KSJT (Knight Science Journalism Tracker) 2008: A closer look at Int'l Polar Year and its scrutiny of Arctic haze. http://ksjtracker.mit.edu/wp-content/uploads/2008/04/arctichazegraphic.jpg, Abruf: 28.05.09.

TGL (The Green Line) 2006: Air Quality in the North. http://www.ec.gc.ca/cleanair-airpur/C812DD6E-B81D-446A-A211-554728ABA047/pnr_e.jpg, Abruf: 3.06.09.

BEI GRIN MACHT SICH IHR WISSEN BEZAHLT

- Wir veröffentlichen Ihre Hausarbeit, Bachelor- und Masterarbeit

- Ihr eigenes eBook und Buch - weltweit in allen wichtigen Shops

- Verdienen Sie an jedem Verkauf

Jetzt bei www.GRIN.com hochladen und kostenlos publizieren